L'ORTIE,

SES PROPRIÉTÉS ALIMENTAIRES,

MÉDICALES,

AGRICOLES ET INDUSTRIELLES,

PAR

ARTHUR ÉLOFFE

Naturaliste-Préparateur et Professeur de taxidermie,
Membre honoraire de plusieurs Sociétés d'horticulture,
Lauréat aux expositions de Paris, Dijon, Valognes,
Meaux, Avranches, etc.

PARIS
CH. ALBESSARD ET BÉRARD, LIB.-ÉDITEURS
8, RUE GUÉNÉGAUD
Même maison à Marseille, 25, rue Pavillon

1862

L'ORTIE,

SES PROPRIÉTÉS ALIMENTAIRES,

MÉDICALES,

AGRICOLES ET INDUSTRIELLES.

MEAUX. — IMPRIMERIE A. CARRO.

L'ORTIE,

SES PROPRIÉTÉS ALIMENTAIRES,

MÉDICALES,

AGRICOLES ET INDUSTRIELLES,

PAR

ARTHUR ÉLOFFE

Naturaliste-Préparateur et Professeur de taxidermie,
Membre honoraire de plusieurs Sociétés d'horticulture,
Lauréat aux expositions de Paris, Dijon, Valognes,
Meaux, Avranches, etc.

PARIS
CH. ALBESSARD ET BÉRARD, LIB.-ÉDITEURS
8, RUE GUÉNÉGAUD
Même maison à Marseille, 25, rue Pavillon

—

1862

A Monsieur

ARISTIDE DUPUIS,

PROFESSEUR D'HISTOIRE NATURELLE, MEMBRE DE LA

SOCIÉTÉ IMPÉRIALE D'ACCLIMATATION,

MEMBRE CORRESPONDANT DE L'ACADÉMIE ROYALE

D'AGRICULTURE DE TURIN, DE LA SOCIÉTÉ D'AGRICULTURE

ET DES ARTS DE SEINE-ET-OISE, ETC., ETC.

HOMMAGE DE L'AUTEUR.

ARTHUR ÉLOFFE.

INTRODUCTION.

—

Le nombre des produits divers qui couvrent le globe est incalculable ; de cette infinité de créations variées, c'est la moins grande partie qui nous est connue ; combien de plantes et d'êtres ignorés, faussement désignés, improprement qualifiés ! Que d'erreurs perpétuées dans l'esprit de l'homme, grâce à l'ignorance et aux préjugés qui, à la longue, dénaturent tout, sans tenir compte de l'observation exacte et rigoureuse des faits physiques !

L'inépuisable bonté de la puissance céleste n'a rien laissé d'incomplet ici-bas ; tout a été prévu, tout ce dont nous pouvons avoir besoin nous a été donné ; mais l'homme, ingrat ou paresseux, dédaigne trop souvent de mettre à profit les richesses que la nature répand pour nous avec profusion, sans cependant nous demander, en retour de ses largesses, ni reconnaissance, ni privations, ni sacrifices.

Les préjugés, le mépris des choses même les plus nécessaires, lorsqu'elles abondent sous nos yeux et à notre portée, tels sont les motifs qui nous font abandonner l'exploitation avantageuse des biens que la nature renouvelle chaque jour pour nous.

Parmi les productions dédaignées à tort, et dont les bienfaits seraient pourtant si facilement et si utilement appréciables, nous devons entre autres citer l'*Ortie*.

Quoiqu'elle soit, en effet, une des plantes les plus abandonnées il en est peu qui puissent être plus utiles. La racine sert dans les tisanes et pour la teinture ; la tige donne une filasse presque égale en qualité au chanvre, mais bien supérieure en rendement ; les feuilles sont une excellente nourriture pour les bestiaux, et la graine, outre plusieurs propriétés médicinales, donne beaucoup d'huile par expression. Si l'Ortie offre des avantages nombreux et importants à l'agriculteur, et ne lui demande aucun soin, pourquoi donc la négliger ? C'est incontestablement l'abondance de ces plantes qui les maintient dans un véritable dédain ; on reste même, dans certaines localités, dans une ignorance complète des propriétés de cette plante intéressante.

L'article que nous avons publié sur les Orties en mai 1861, dans le journal la *Science pour tous* (nº 24, 6e année), a été reproduit par un grand nombre de journaux, et nous a valu quelques lettres d'encouragement ; c'est ce résultat qui nous décide aujourd'hui à publier cet opuscule ; heureux si nous pouvons contribuer à réhabiliter l'Ortie dans le monde médical et agricole, ou du moins, si nous réussissons par ce petit travail à porter sur ce sujet l'attention publique.

1*

I

L'ORTIE AU POINT DE VUE ALIMENTAIRE.

—

Lorsque les denrées alimentaires sont arrivées à un prix aussi exorbitant qu'elles le sont aujourd'hui, lorsque tant d'ouvriers sont obligés de restreindre leur nourriture à un morceau de pain, n'est-il pas utile de propager l'emploi d'une plante alimentaire que l'on trouve partout et que l'on peut ensemencer dans les plus mauvais terrains ? C'est en introduisant dans la consommation des substances ou des produits qui reviennent à peu de frais, et qui cependant offrent toutes les garanties hygiéniques que l'on arrivera à abaisser les prix excessifs des denrées.

Ce n'est certes pas une innovation de notre part que de proposer l'Ortie comme aliment ; en Lorraine, on mange souvent en soupe les Orties du printemps ; en Allemagne, elles paraissent sur les tables, cuites et assaisonnées à la façon des épinards, et nous-même en avons mangé maintes fois en soupe et accommodées de diverses manières.

Nous sommes persuadé que ces lignes feront faire quelque peu la grimace à bien des gens *qui ne voudraient pas goûter de ce mets pour bien des choses;* nous leur dirons, cependant, qu'il est plus que probable qu'ils en ont mangé très-souvent, car, à Paris, le pays de la fraude alimentaire par excellence, on se sert de l'Ortie, à cause de son abondante chlorophylle, pour colorer les épinards, en augmentant en outre la quantité du produit ; et, à n'en pas douter, l'Ortie agit là comme un stimulant digestif à l'insu de ceux qui opèrent ce mélange.

L'Ortie, blanchie comme les autres légumes et assaisonnée au gras, est un mets plus savoureux que les épinards ; assaisonnée au lait, l'Ortie est rafraîchissante et très-légèrement purgative ; en soupe maigre, l'Ortie conserve les mêmes propriétés. Nous ferons remarquer que, sous d'autres modes d'apprêt, l'Ortie offrira des qualités toutes différentes.

Enfin nous remarquerons que l'Ortie présente un caractère indirect qui prouve qu'elle appartient aux plantes alimentaires : comme celles-ci elle sert de nourriture à une foule de chenilles, ainsi celles de : *vanessa polychloros* et *urticæ*, les *callimorpha dominula, arctia mendica, botys urticalis*, etc.

II

L'ORTIE AU POINT DE VUE MÉDICAL.

—

Il faut remonter aux pharmacopées d'ancienne date pour rencontrer, à propos de cette plante, quelques traces d'un emploi bientôt abandonné parce qu'il était appliqué mal à propos et avec une préparation défectueuse.

L'anatomie microscopique du poil de l'Ortie, fait voir que cet organe est composé d'une cellule unique, en cône allongé, creuse, reposant par sa base sur les cellules de l'épiderme et qui contient un liquide âcre et mordicant.

Son action irritante sur la peau est due à deux causes : 1° la propriété du liquide que nous venons de signaler; 2° à l'Influence du poil qui reste dans la plaie après la piqûre.

C'est en raison de la liqueur âcre et mordicante que les poils creux de l'Ortie versent sous l'épiderme, qu'on l'utilisa comme révulsif pour déterminer l'irritation sur un point quelconque du corps; mais aujourd'hui cet emploi n'est plus en usage, ou du moins est fort rare, en raison de la découverte de nombreux moyens de vésication.

Longtemps avant que la médecine et pharmacie n'admissent cette plante dans leurs catalogues, elles était employée comme succédané aux irritants, même les plus dangereux et les moins avouables.

On la préconise contre les rhumatismes et les paralysies, et nous avons connu un vieux chasseur fanatique; qui, au milieu de ses excursions combattait les accès de goutte auxquels il était sujet, au moyen d'une poignée d'Ortie dont il se fouettait les jambes.

Willemet dit qu'une once de semence d'Ortie suffit pour dissiper un embonpoint excessif, prise à la dose de trente grains ou même vingt par jours. *Hill* la vante beaucoup pour arrêter le saignement de nez *Bourgeois* assure que cette graine, prise en poudre à la dose de trente ou quarante grains, matin et soir, guérit très-souvent le goître sans nuire à l'estomac ni à la santé, comme la plupart des autres remèdes qu'on met en usage contre cette maladie.

Nous pourrions multiplier les citations des maladies ou indispositions à la cure desquelles on peut appliquer les principes que contient cette plante, ce qui décèle en eux une incontestable et puissante activité.

Dans plusieurs voyages accomplis, il y a une quinzaine d'années, à la côte de Guinée, nous avons constaté sur divers bâtiments du commerce, l'usage journalier de la poudre des *Urtica dioïca* et *Urtica urens* desséchées, comme digestif et stimulant. On sait combien dans ces climats chauds et humides, le tube digestif est promptement atteint d'une pernicieuse atonie, qui précède de mortelles dyssenteries. La poudre en question, mêlée aux aliments à la façon du poivre, produisait un effet des plus marqués et des plus favorables. On sait que ces toniques sont nécessaires dans les climats tropicaux, et Péron, dans le célèbre voyage accompli au commencement de ce siècle, explique par cette utilité hygiénique l'usage du *bétel* dans toutes les îles de la Sonde. Il n'hésite pas à attribuer la conservation de sa santé au milieu des miasmes des marécages de Timor, à ce stimulant énergique où entre la *noix d'Arec*.

Une plante voisine du genre *Urtica*, le *Cannabis indica*, fournit aux Orientaux le *haschisch*, qui joint malheureusement, aux propriétés digestives les plus efficaces, un effet narcotique qui n'est pas sans danger.

Les accidents fâcheux ne sont pas à redouter avec l'ortie, qui, après avoir subi une préparation convenable, n'a gardé du haschisch que les propriétés stimulantes et salutaires.

Frappé des services que pourrait rendre l'emploi plus habituel de cette plante avec une bonne préparation, nous nous sommes livré à une série d'expériences et d'analyses qui nous ont conduit à pouvoir présenter au mois de mai 1860, à la Société impériale et centrale d'horticulture de Paris, et à faire admettre à l'Exposition agricole de la même année, les produits de ce végétal, sous trois formes différentes (1) :

1° En poudre fine, destinée à être mêlée aux aliments ou prise dans une cuillerée de soupe, ou dans une hostie à la façon des poudres de valériane ou de rhubarbe, présentée sous le nom de *poudre digestive acaléphique;*

2° En sirop, qui doit être pris par cuillerées, sous le nom de *sirop acaléphique;*

3° En élixir, devant servir avant les repas, comme apéritif, à la façon de l'alcoolat d'absinthe, du bitter, du vermouth, etc., sous le nom de *haschisch indigène.*

Dans ces deux dernières préparations, à la plante principale sont associées diverses substances destinées à l'aromatiser.

Notre seul but étant, autant qu'il nous est possible, de propager l'usage de cette plante, nous venons livrer au public la manière de faire ces trois préparations.

Nous allons donner exactement, et nous pourrions dire scrupuleusement, la manière de procéder pour obtenir un bon résultat; il

(1) N° 1714, du *Catalogue du Concours général et national d'agriculture de* 1860 (Produits).

est hors de doute toutefois que, si ces préparations sont faites par un homme pratique, habitué à suivre rigoureusement la formule empirique, elles ne soient bien supérieures en efficacité à celles que l'on préparera soi-même.

Nous conseillons donc aux personnes qui voudraient faire usage de ces préparations de s'adresser chez M. Barral, pharmacien et habile chimiste, rue du Faubourg-Saint-Denis, nº 80, qui tient ces divers produits.

DE LA POUDRE DIGESTIVE ACALÉPHIQUE.

Il faut choisir pour l'emploi stomachique de ce végétal, les sommités fleuries de préférence aux tiges qui deviennent dures et ligneuses. Telles sont aussi les parties du *Cannabis indica*, qui constituent le haschisch de l'Orient. On fait la cueillette par un temps sec, et l'on expose les Orties sur des claies ou on les met par petites bottes que l'on suspend dans un lieu sec et bien ventilé. De temps à autre, afin d'arriver à une prompte dessiccation, on les expose au soleil. Quand la feuille de l'Ortie se réduit bien en poudre sous la pression des doigts, on pulvérise le tout dans un mortier, ensuite on passe au tamis de soie. On conserve très-facilement cette poudre dans des bouteilles bien bouchées, avec la seule précaution à prendre, lorsqu'on veut remplir ces bouteilles ou un vase quelconque, de s'assurer qu'il n'y existe aucune humidité; si on omettait ce soin, cette poudre fermenterait au bout de peu de temps et perdrait sa propriété digestive.

DU SIROP D'ORTIE OU SIROP ACALÉPHIQUE.

Pour la préparation du sirop comme de l'alcoolat d'Orties, il est bien entendu que c'est à l'état frais qu'on emploie cette plante.

Prenez 3000 grammes sommités d'orties, que vous pilez dans un mortier, puis on en extrait le jus par expression; sur ces plantes pilées jetez 1000 grammes eau bouillante et passez de nouveau par expression ou pression, mettez ensuite votre liquide dans un vase de cuivre, une bassine, et ajoutez 1 gramme girofle, 15 grammes écorces oranges amères, 1000 grammes sucre; vous procédez pour le reste comme pour les autres sirops, clarification et filtrage.

DE L'ALCOOLAT D'ORTIE OU HASCHISCH INDIGÈNE.

Prenez 4000 gr. sommités d'orties pilées.
2000 gr. alcool à 36°.
2 gr. écorce d'orange amère.
1 gr. girofle.

Vous mettez macérer le tout ensemble pendant trois jours, après expression et filtration, vous ajoutez 500 grammes sucre, filtrez de nouveau et mettez en bouteille.

Cet alcoolat d'Ortie est apéritif et digestif, et ne produit pas comme l'absinthe l'abrutissement et les plus graves désordres.

2e ESPÈCE D'ALCOOLAT D'ORTIE.

Prenez 1000 gr. orties pilées.
1000 gr. alcool à 36°.
2 gr. girofle.
30 gr. écorce orange amère.

Vous laissez macérer pendant quatre jours le tout ensemble, après quoi vous filtrez à la chausse, ensuite vous jetez 500 grammes eau bouillante sur les Orties, en outre 500 grammes eau sur 1000 grammes de sucre, vous clarifiez, puis vous mêlez le tout et filtrez une dernière fois.

III

L'ORTIE COMME ALIMENT POUR LES BESTIAUX ET LES VOLAILLES.

—

L'Ortie est une excellente plante fourragère, elle offre l'avantage immense de prospérer dans les terrains les plus arides et d'être très-précoce. En effet, c'est une des premières plantes qui paraisse au printemps et elle est déjà en fleurs lorsque la plupart des graminées commencent à entrer en sève, elle précède de plus d'un mois le plus hatif de tous les fourrages, qui est la luzerne.

Dans le midi de la France, lorsque les prés naturels ou artificiels ne sont pas arrosés, presque toutes les plantes sont grillées par l'ardeur du soleil, tandis que l'Ortie est aussi verte qu'au printemps.

Que de terrains d'une grande étendue qui ne rapportent rien en ce moment, et qui produiraient de bons revenus s'ils étaient semés en orties!

Les maquignons danois pulvérisent la graine d'Ortie, en mêlent une poignée avec l'avoine et la donnent soir et matin à leurs chevaux; cet aliment les rend gras et leur maintient le poil lisse et luisant.

Valmont de Bomare dit qu'on peut mêler avec de la paille, en place de foin, les orties récoltées; les bestiaux en mangent avec plaisir.

Pour les rendre plus appétissantes, on met les Orties dès la veille dans de l'eau chaude; on les y laisse pendant la nuit, et l'on fait boire le lendemain à tous les bestiaux indistinctement cette eau à laquelle les Orties laissent un goût qui leur est fort agréable : on leur donne ensuite les Orties.

Les vaches qui s'en nourrissent fournissent abondamment du lait, une bonne crême; le beurre qui en provient est excellent et, en hiver, aussi jaune qu'en été ; le bétail engraisse, se porte bien et est exempt, dit-on, de toutes sortes d'épizooties.

Un tel préservatif, dû à la culture et à l'emploi de ce fourrage, est un nouveau bienfait de la Providence; la Suède en épouve depuis des siècles les plus heureux résultats.

En effet, L'ORTIE DIOÏQUE *(Urtica dioïca)* ou GRANDE ORTIE, est cultivée de temps immémorial par les Suédois comme plante fourragère, et ils en tirent aussi de grands avantages comme plante textile.

L'ORTIE BRULANTE *(Urtica Urens)* OU PETITE ORTIE, est une plante annuelle qui croît par toute l'Europe; comme ses graines sont extrêmement nombreuses et se conservent pendant plusieurs années lorsqu'elles sont profondément enterrées dans le sol, elle végète à chaque saison nouvelle avec une nouvelle vigueur. Cette plante est meilleure pour la nourriture des volailles que pour celle des bestiaux.

L'ORTIE DIOÏQUE ou *grande ortie* est vivace, et c'est celle qui est la plus estimée ; on multiplie l'Ortie par le semis de ses graines et par ses racines. En été, il n'y a d'autre précaution à prendre pour donner à manger des Orties aux bestiaux que de les laisser se faner à l'air, cela suffit pour empêcher l'urtication de se produire dans le palais des animaux. Quant aux volailles, cette précaution n'est pas nécessaire. En Normandie, les Orties coupées sont mêlées au son, et ce mélange est dévoré avidement par les volailles.

Qui ne reconnaît là l'emploi d'un digestif puissant sous l'empire duquel ces animaux peuvent s'assimiler les matières nutritives que leurs organes rejetteraient si elles étaient présentées seules, sans un condiment salutaire.

Mais si la pratique agricole emploie l'Ortie dans certaines localités, du moins elle n'en retire pas tout le parti désirable; ce n'est guère, en effet, que pendant l'été, lorsque tout abonde, que l'on en donne aux bestiaux et aux volailles.

Or, c'est en hiver qu'il faut offrir une nourriture plus énergique, plus stimulante aux bestiaux et aux volailles, pour tenir les premiers dans un état prospère de santé, pour activer chez les autres la circulation et les porter à la ponte.

C'est alors que l'agriculteur doit dépenser le plus pour leur nourriture. Il faut donc, au printemps, faire ample provision d'Orties pour l'hiver; on les fait sécher comme le foin, et pendant tout l'hiver on mêle l'Ortie que l'on a fait macérer dans l'eau, pendant quelques heures, avec du foin, de la paille hachée, etc. Si on ajoute quelque peu de sel dans ce mélange, on s'en applaudira promptement en voyant le rendement et la qualité du lait.

Convaincu des propriétés de l'Ortie, nous avons conseillé, il y a deux ans, à un de nos amis de se munir d'Orties pour l'hiver, et d'en nourrir les nombreux habitants de sa basse-cour, il suivit nos conseils et il en a donné chaque hiver à ses volailles, en procédant comme nous allons l'indiquer ci-après.

On calcule l'eau nécessaire à la quantité de volailles que l'on nourrit, on la fait bouillir et on jette dans cette eau les orties sèches qui reprennent leur élasticité; on mêle avec du son; une fois le mélange refroidi, il est donné aux volailles. Elles sont très-friandes de ce mets qui leur est très-salutaire et les dispose à la ponte.

L'éleveur, qui sait profiter de tous les moyens pour obtenir un bon rendement, n'oublira pas de faire ramasser par quelques enfants, moyennant un petit salaire, un ou deux sacs de graines d'orties; si l'hiver est long et rude, il trouvera dans ces graines une vraie panacée pour ses volailles, en leur en donnant une petite quantité de temps à autre.

N'oublions pas de dire que, par ce moyen, on diminue la dépense de la ferme par la raison qu'il faut en même temps moins de nourriture coûteuse, telle que son, grains, etc., et l'agriculteur ou éleveur qui consentira à suivre nos conseils, apportera à la ferme un élément de plus de prospérité.

IV

L'ORTIE COMME MATIÈRE TEXTILE.

—

De nos jours on a cherché à utiliser ce végétal et à en retirer des matières textiles ; mais, bien qu'un succès réel ait répondu aux premières opérations, on a abandonné cet essai.

Et cependant, lorsque le commerce se plaint de manquer de matières premières pour la fabrication du papier, lorsque la France possède des terrains immenses et incultes et desquels on pourrait tirer un si utile parti, tels que ceux des sables d'Olonne, les landes de

Bordeaux, la Camargue, une partie de la Sologne, etc., etc. ; lorsque l'on est maître d'une des plus belles colonies de l'Europe, et, que cette colonie se trouve à notre porte, n'est-il pas honteux que les capitaux aillent chercher sur les marchés étrangers, les produits que nous pourrions avoir chez nous en grande quantité, et qui seraient une nouvelle ressource et pour le budget et pour la classe ouvrière et manufacturière?

Pourquoi demander au loin ce que l'on a sous la main? Pourquoi cette antipathie contre l'utile et humble plante que nous préconisons.

Cependant les Egyptiens, au rapport de *Bernardin de Saint-Pierre,* faisaient tous les ans des vœux pour l'heureuse récolte des Orties. Aujourd'hui encore, ils en estiment la graine qui leur donne de l'huile, et la tige qui leur fournit des fils.

La Société d'agriculture d'Angers a fait différents essais qui constatent combien il serait intéressant de se servir aussi en France de l'Ortie.

La toile qui en a été fabriquée a été trouvée de la meilleure qualité, et reconnue prendre le blanc avec plus de facilité que toute autre. Les avantages que procurerait cette plante, dit la Société d'agriculture que nous citons, sont bien sensibles, puisqu'elle n'exige ni culture, ni engrais ni terrain particulier, et presqu'aucune dépense.

Il n'est point de propriétaire qui ne puisse cultiver dans les lieux inutiles de sa ferme, assez d'Orties pour se fournir du linge nécessaire à son usage, et par conséquent, réserver pour la vente la totalité de son chanvre et de son lin.

On peut aussi faire du très-beau papier avec cette filasse, comme l'ont prouvé, par l'expérience, les directeurs d'une fabrique établie à Leipsick.

Le rédacteur du troisième voyage de *Cook* dit que, sans l'Ortie, les habitants du Kamtschatka ne pourraient pas subsister. « Ils en « font leurs filets de pêche, leurs cordages, le « fil avec lequel ils cousent leurs habille- « ments, etc. Ils la coupent au mois d'août, la « font rouir aussitôt qu'elle est sèche, et en « filent la filasse pendant leur long hiver (1). »

(1) *Dictionnaire raisonné et universel d'agriculture.*

Voilà des preuves évidentes et irrécusables, des excellentes qualités textiles de l'Ortie; espérons que les agriculteurs tenteront de nouveaux essais, et, comme il est plus que probable, que le succès couronnera leurs travaux, nous verrons bientôt l'agriculture et l'industrie compter au nombre de ses bons produits, l'Ortie si longtemps délaissée.

V

LE RAMIE OU ORTIE DE CHINE.

—

Dans le courant de l'année 1844, le Muséum d'Histoire naturelle de Paris, a reçu de M. Leclancher, chirurgien à bord de la corvette *La Favorite*, quelques rameaux des Orties cultivées en Chine, comme plantes textiles.

Une note accompagnait l'échantillon, recueilli par M. Leclancher à 120 kilomètres de l'embouchure du Yang-tse-Kiang, en descendant de Nankin. La note était ainsi concue : « Ortie cultivée en petits carrés, dans les terrains voisins des rizières, sans être cependant inondés; chaque habitation en cultive pour son usage. On enlève les feuilles qui tiennent fort peu, on fait rouir dans un baquet des paquets de tiges : l'eau prend une couleur brune; les femmes enlèvent la peau, que l'on fait rouir de nouveau pendant un temps que je ne connais pas, mais qui doit être court; puis, passant chaque lanière sur un instrument de fer ayant la forme d'une large gouge de charpentier, elles enlèvent la pellicule extérieure; la lanière fibreuse, d'un blanc verdâtre, est mise à sécher sur un bambou. Il est probable que pour faire les tissus fins, que l'on vend à Macao sous le nom de *Grassclot* ou *Lienzo,* cette espèce de chanvre est peignée. Le filage doit être fait avec les rouets en bambou qui servent aussi pour le coton. Sec, ce chanvre est d'un blanc nacré, très-beau et très-fort. La plante croîtrait très-bien sur le revers des fossés en France, aux environs de Cherbourg et peut-être aussi dans le midi. »

M. Decaisne, le savant professeur de culture au Muséum, fut chargé d'examiner cette plante, qu'il reconnut être l'*Urtica utilis* ou *Ramie,* et fit un rapport des plus favorables sur les qualités textiles de cette plante. Indiquons quelques passages de ce remarquable rapport :

« Cette Ortie, qui porte à Java le nom de *ramie*, atteint 1 mètre à 1 mètre 50 centim. de hauteur, ses feuilles minces, portées sur de longs pétioles, rappellent celles de l'*urtica nivea*, mais elles sont plus grandes, plus longuement acuminées et grisâtres en dessous. La base des tiges égale la grosseur du petit doigt, et présente, sous ce rapport, de l'analogie avec celle du chanvre. »

Cette plante n'est point nouvelle, car tout porte à croire que ses fibres ont été fort employées au seizième siècle. Lobel, qui vivait sous Elisabeth, savait déjà qu'aux Indes, à Calicut, à Goa, etc., on fabriquait avec l'écorce de diverses Orties, des tissus très-fins qu'on importait en Europe; que dans les Pays-Bas surtout on recevait cette substance en nature pour en fabriquer des étoffes préférées à celles de lin, puisqu'en effet le nom hollandais de *neteldock*, donné aujourd'hui à la mousseline, dérive évidemment de *netel*, ortie, et *dock*, étoffe, qui s'applique ordinairement à un tissu très-fin. »

« Les étoffes et les cordages fabriqués avec le *ramie* semblent, quant à leur durée, supérieurs soit aux tissus de lin, soit aux cordages de chanvre. Du moins, les habitants des Moluques et des grandes îles de l'archipel indien, accordent sans restriction la préférence au *ramie* sur tout autre matière textile pour la fabrication de leurs filets, qui, suivant leurs remarques, résistent beaucoup plus longtemps que d'autres à l'action prolongée de l'humidité. »

Après avoir cité divers auteurs qui ont traité *du ramie*, M. Decaisne continue en disant :

« Je viens de reproduire à dessein l'opinion unanime de Crawford, Marsden, Ruffles, Roxburgh, Leschenault, etc., hommes d'Etat ou naturalistes célèbres, afin de bien démontrer qu'il n'y a pas engoûment de ma part, et que l'*Urtica utilis* mérite de fixer de nouveau l'attention du Gouvernement. »

Et, pour que l'on ne puisse pas douter des qualités textiles du *Ramie*, M. Decaisne cite une partie du rapport adressé au gouvernement des Pays-Bas par la commission chargée de l'examen de la filasse du *Ramie;* or on sait avec quelle conscience ces sortes d'expériences s'exécutent en Hollande, on pourrait dire que c'est déjà une garantie de succès.

« Nous avons fait fabriquer avec un soin particulier la filasse de *ramie*, qui se présente sous la forme de petits écheveaux qui, avant d'être portés sur le seran, ont été fortement brossés, afin d'isoler davantage les fibres. Cette manipulation, opérée sur une grande masse, entraînerait peut-être une dépense considérable, mais il serait facile de la remplacer par des moyens plus rapides. Quoi qu'il en soit, nous avons obtenu pour 700 grammes de matière première brute, 75 grammes d'étoupe ou filasse, et 187 grammes de déchet.

« Cette quantité de fibres dépasse celle qu'on obtient du meilleur lin. Ces fibres étaient d'une finesse telle que nous avons pu en faire facilement filer sur un rouet à marchepied, et, d'après une grossière évaluation, 12 peignées ont suffi pour fabriquer 1 mètre 80 cent. de toile de la valeur de 1 fr. 50 c.

« La ténacité de ces fibres nous a permis d'en faire filer sur une largeur de 55 mètres sans pelotonner. Un fil ténu de 9300 mètres nous a été fourni par 500 grammes de filasse. Nous avons obtenu de la même quantité une corde torse de 3000 mètres. On obtiendrait probablement une plus grande finesse si on parvenait à débarrasser les fibres de la substance résineuse qui semble y adhérer.

« Afin de comparer la force de ces fibres avec celle du chanvre, nous avons fait fabriquer du fil léger pour filets de harengs (2 fils) ; mais l'ouvrier, à cause de la finesse de la matière, a filé beaucoup trop légèrement, de sorte que les 432 mètres auraient pesé 1 kil. 50 au lieu de 2 kil. 30 comme il aurait fallu. La force moyenne de ce fil, calculée par analogie avec ce dernier poids, nous a prouvé qu'à l'état sec il se romprait sous un poids de 21 kil., et mouillé par quelque chose au-delà de 25 kil. De sorte que sec, le fil obtenu du *ramie* surpasse en tenacité le meilleur chanvre d'Europe, qu'il l'égale étant mouillé, et qu'enfin sa force d'extension dépasse de 50 p. % celle du meilleur lin. Le fil employé dans nos expériences était trop tordu ; des essais ultérieurs conduiront, nous n'en doutons pas, à des résultats plus satisfaisants encore. Nous devons ajouter que les cordes se nouent facilement, ce qui nous permet d'espérer que les toiles fabriquées avec le *ramie* offriront tous les avantages de celles qu'on obtient du lin ou du chanvre.

« Attendu que les filaments du *ramie*, convenablement préparés, nous ont paru surpasser ceux du lin en beauté et surtout en blancheur et en tenacité, nous croyons que cette substance textile, apportée sur les marchés d'Europe en quantité notable, trouverait un facile écoulement au prix de 60 à 80 c. le demi-kilog. (prix du meilleur lin). »

Aujourd'hui que les portes de la Chine nous sont ouvertes, que nous allons pouvoir entretenir des relations suivies, ne serait-il pas utile, même urgent, d'envoyer dans ces parages un botaniste consciencieux et érudit pour étudier la culture de cette plante, en rapporter de bonnes graines et en ensemencer les terrains immenses et incultes de l'Algérie, et successivement l'acclimater du midi au nord? Le *Ramie (Urtica utilis)*, joint à l'*Urtica urens* et à l'*Urtica dioïca* et exploité sérieusement, formerait une nouvelle et importante branche de commerce très-lucrative pour la France.

FIN.

TABLE DES MATIÈRES.

EXTRAIT DU CATALOGUE DE LA MAISON

ARTHUR ÉLOFFE

Naturaliste-préparateur et professeur de Taxidermie,

Membre de la Société impériale et centrale d'horticulture, membre honoraire et correspondant de celles des villes de Meaux, Valognes, etc.

Fournisseur de plusieurs musées, collèges, lycées, séminaires pensions, etc., en France et à l'étranger,

Rue de l'Ecole-de-Médecine, 20, Paris

(Entre la rue Dupuytren et celle Antoine-Dubois).

« NE PAS CONFONDRE cet établissement avec la maison d'un marchand naturaliste établi dans le voisinage, et dont l'enseigne porte le même nom. »

ONZE MÉDAILLES ARGENT ET BRONZE, 1re CLASSE, aux expositions de Paris, Dijon, Meaux, Valognes, Avranches, etc., etc.

Collections élémentaires de toute espèce pour seconder l'enseignement, l'étude et le progrès des sciences naturelles, d'après le nouveau programme des cours de l'Université. Collections toutes classées et déterminées avec le plus grand soin par des professeurs de chaque spécialité et VENDUES A DES PRIX EXTRÊMEMENT RÉDUITS.

Toutes les collections qui sortent de la maison ARTHUR ELOFFE sont accompagnées d'un catalogue, où chaque échantillon est nominativement désigné, avec un numéro d'ordre correspondant à celui collé sur l'échantillon.

MINÉRALOGIE, GÉOLOGIE, PALÉONTOLOGIE ET CRISTALLOGRAPHIE.

Analyses qualitatives et quantitatives de minerais, terres, etc., dont le certificat est signé par des professeurs spéciaux.

Détermination des minéraux et objets d'histoire naturelle.

Minéraux communs à 15, 20 et 25 centimes.

Minéraux et coquilles de luxe, pour étagères.

Un grand nombre de minéraux, coquilles et fossiles, à très-bon marché, pour confection de grottes, cascades, etc.

Sciage et polissage de pierres dures.

MODÈLES ET REPRODUCTIONS EN PLATRE.

Le succès qu'a obtenu notre maison nous a imposé le devoir de montrer que nous sommes digne de la confiance dont on a bien voulu nous honorer ; à cet effet, nous avons pensé utile de joindre à notre établissement *un atelier spécial* de *moulage* et *modelage*, dont la direction est confiée à un artiste, ex-mouleur à l'école impériale des Beaux-Arts et habile praticien.

Les pièces suivantes sont en vente :

Animaux antédiluviens, reconstitués par CUVIER ; réduction 0m.025 par 0m.30.

Collection de six plâtres, représentant *huit espèces* d'animaux perdus. . . . . 140 »

Et qui sont : le SCHISTOPLEURUM typus (L. Nodot) 30 »
le PTERODACTYLUS. . . . . . . 15 »
le LABYRINTHODON. . . . . . . 15 »
l'IGUANODON. . . . . 25 »
le MEGALOSAURUS. . . . . . . 25 »
le PLESIOSAURUS MACROCEPHALUS }
le PLESIOSAURUS DOLICHODEIRUS. } 30 »
l'ICHTHYOSAURUS. . . . . . }

Ces trois pièces se trouvent sur le même socle et forment groupe, et les deux *Plesiosaures* sont tirés à part et forment pendants. Le prix est de 10 fr. pièce.

Tête d'*Ichthyosaure* en relief. . . . . . 10 »

La même, grand format. . . . . 15 »

Trilobites à 50 cent. et. . . . . 1 »

Toutes ces pièces sont bronzées ou peintes de la couleur de l'étage auquel elles appartiennent ; l'exécution de ce travail ne laisse rien à désirer. Bon nombre de musées et d'établissements publics en ont déjà fait l'acquisition.

(*Modèles déposés.*)

En cours d'exécution : le GLYPTODON CLAVIPES, le MEGATERIUM, le MYLODON ROBUSTUS.

Aux cinquante premiers souscripteurs aux trois exemplaires désignés, il sera fait remise du *tiers* du *prix de vente*, qui sera fixé ultérieurement.

On se charge de la reproduction des pièces de paléontologie, et toute espèce de moulage et modelage d'objets et pièces d'histoire naturelle.

ZOOLOGIE.

Nos relations directes avec un grand nombre de voyageurs nous mettent à même de répondre aux demandes qui nous seraient faites pour fournitures de toute espèce de QUADRUPÈDES, OISEAUX, REPTILES, POISSONS, CRUSTACÉS, etc., en peau et montés.

Montage, par un nouveau procédé, de têtes de cerf, de daim, chiens, hures de sangliers, etc., pour trophées.

Bois de cerf sur massacre artificiel et naturel.

Groupes pour pendules et articles de fantaisie.

Accessoires et fournitures pour groupes.

Atelier spécial pour la préparation des peaux de mammifères, confections et garnitures de tapis de fourrures, réparations, garde et entretien à l'année.

Peaux de chats préparées pour électrophore, 1,50 et 2 »

Pièces conservées dans l'alcool et reptiles vivants pour démonstrations et expériences.

Entretien des cabinets d'histoire naturelle, réparations et destruction des insectes.

On se charge de la vente, et on prend en dépôt, toutes collections et objets d'Histoire naturelle.

MATÉRIEL D'ENSEIGNEMENT

Pour l'étude de l'histoire naturelle à l'usage des salles d'asile, à **100** *fr.*, PAYABLES PAR TRIMESTRE.

Nous pensons nous rendre utile en instituant cette collection à l'usage des salles d'asiles, et venir en aide aux âmes dévouées et charitables qui dirigent ces utiles institutions; on ne doit pas nous attribuer un intérêt mercantile en mettant en vente cette collection dont le prix représente à peine le prix de dé bours, notre travail est une offrande que nous faisons aux orphelinats.

COMPOSITION DE LA COLLECTION.

Pour la ZOOLOGIE : 2 Mammifères, 6 Oiseaux répartis dans les différents ordres, 2 Reptiles, 2 Poissons, 2 Crustacés, 1 Arachnide, 20 Insectes dans une boîte à dessus de verre, 20 Mollusques marins, fluviatiles et terrestres, 2 Rayonnés, 2 Zoophytes.

Pour la BOTANIQUE : 25 plantes (dicotylédonés, monocotylédonés et acotylédonés).

Pour la GÉOLOGIE : 25 Roches des principaux terrains et le beau tableau gravé sur acier, de MM. Ch. d'Orbigny et Gente.

Pour la MINÉRALOGIE : 25 minéraux dont les principaux employés dans la métallurgie, les combustibles, les arts céramiques, la grosse et petite bijouterie, etc.

Collection de 20 PRODUITS ORGANIQUES, contenus dans des flacons à étiquettes de papier, comprenant des graines, écorces, fleurs, fruits, gommes, résines, etc.

Ensemble 154 ÉCHANTILLONS, plus les boîtes, les cartons, les tubes et flacons, la caisse et l'emballage, etc.

CABINETS D'HISTOIRE NATURELLE

Mis en rapport avec le nouveau programme des cours de l'Université, de **150** *et* **300** *fr.*, PAYABLES PAR TRIMESTRE.

Ces petits musées classiques, bien que réduits à leurs plus simples expressions, offrent les types de la plus grande partie des êtres organisés ; ils sont ainsi composés :

Cabinet de 150 francs.

Pour la ZOOLOGIE : 4 Mammifères, 10 Oiseaux répartis dans les différents ordres, 6 Reptiles et Poissons, 5 Crustacés et Arachnides, 25 Insectes, 25 Mollusques marins, fluviatiles et terrestres, 6 Rayonnés et Zoophytes.

Pour la BOTANIQUE : 50 Plantes (dicotylédonés, monocotylédonés et acotylédonés) avec des détails précis des propriétés de chacune de ces plantes.

Pour la GÉOLOGIE : 50 Roches de tous les terrains, et le beau tableau géologique gravé sur acier, de MM. Ch. d'Orbigny et Gente.

Pour la MINÉRALOGIE : 50 Minéraux, dont les principaux employés dans la métallurgie. les combustibles, les arts céramiques, la grosse et la petite bijouterie, etc.

PRODUITS ORGANIQUES : 30 PRODUITS, contenus dans des flacons à étiquettes de papier, comprenant des graines, écorces, fleurs, fruits, gommes, résines, etc.

Ensemble 212 ECHANTILLONS, plus les boîtes, les cartons, les tubes et flacons, la caisse et l'emballage, etc.

Cabinet de 300 francs.

Pour la ZOOLOGIE : 6 mammifères, 15 oiseaux répartis dans tous les ordres, 8 reptiles et poissons, 8 crustacés et arachnides, 50 insectes, 50 mollusques marins, fluviatiles et terrestres, 8 rayonnés et zoophytes.

Pour la BOTANIQUE : 100 plantes (dicotylédonés,

monocotylédonés et acotylédonés), avec des détails précis des propriétés de chacune de ces plantes.

Pour la Géologie : 100 roches de tous les terrains, classées dans l'ordre de leur superposition, 100 *fossiles*, de chacun de ces terrains, et le beau tableau gravé sur acier, représentant, par ordre chronologique, les terrains stratifiés et les principaux fossiles qui les caractérisent, par MM. Ch. d'Orbigny et Gente.

Pour la Minéralogie : 50 minéraux, dont les principaux employés pour la métallurgie, les combustibles, les arts céramiques, la grosse et la petite bijouterie, etc.

Produits organiques : 50 échantillons contenus dans des flacons à étiquettes de papier, comprenant des graines, écorces, fleurs, fruits, baumes, gommes, résines, etc.

Ensemble 496 échantillons, plus les boîtes, les cartons, les tubes et flacons, etc., les caisses et l'emballage; le prix sera payable moitié dans les 30 jours de l'expédition, et moitié à 3 mois; ce même cabinet en **1er Choix 350** francs.

CABINET COMPLET D'HISTOIRE NATURELLE

à 1,000, 2,000, 3,000 et 5,000 francs.

Un cabinet de 1,000 francs comprend **1800 Pièces,** et peut remplir une salle entière.

OSTÉOLOGIE HUMAINE.

Squelettes humains désarticulés. . . 45 à 70 »
— — articulés. . . . 60 à 140 »
— — montés à la *Beauchène*, c'est-à-dire désarticulés et rémontés à distance, tous les os dans leurs rapports. . 500 »
Têtes naturelles articulées. . . . . 10 à 20 »
— — désarticulées. . . . 15 à 25 »
— désarticulées, remontées à la *Beauchène*, avec oreilles interne et moyenne, vaisseaux et nerf dentaire. . . . . . 160 »

Tête sciée avec les oreilles interne et moyenne montrant les sinus. . . . . . . 40 à 50 »
Têtes sciées sans préparation. . . . 20 à 30 »
Têtes avec la dure-mère naturelle. . 18 à 25 »
— avec diploë, sous verre. . . . 35 à 40 »
Oreille interne. . . . . 10 à 15 »
— moyenne. . . . . 5 à 10 »
Collection d'oreilles, 14 pièces. . . 150 à 250 »
Bassin avec ligaments. . . . . . . 15 à 25 »
Mains ou pieds articulés . . . . . 3 à 5 »
— — enfilés avec corde à boyau 3 à 5 »
— — montés à la *Beauchêne* . . . 30 »
— — — sur support. 50 »
Coupe médiane du tronc pivotant sur support. . . . . 60 »

BOTANIQUE.

Herbier pour l'étude, classé par familles naturelles, de 100 plantes, à. . . . 18 et 25 »
Magnifique herbier de 400 plantes, renfermées dans deux jolies boîtes à cuvettes pour les diverses familles, avec double catalogue, herbier d'un haut intérêt, en raison des propriétés médicinales qui y sont indiquées. 150 »
Herbier agricole avec annotations sur les plantes utiles et nuisibles à l'agriculture, sur celles qui constituent le bon ou le mauvais fourrage, etc., à. . 25 et 30 fr. le cent.
Collection de champignons (112 échantillons représentant 64 espèces différentes) moulés en carton-pierre et peints d'après nature, imitation irréprochable . . . . 150 »
Collection des plantes marines qui croissent sur les côtes de France et d'Espagne, fixées sur papier, et conservant leur couleur naturelle. — Collection de 10 types, 3 fr.; de 15 types, 4 fr. 50; 30 espèces, 9 fr.; 45 espèces, 15 fr. — Feuilles au choix à 30, 40 et 50 c.
Album, riche reliure, à 15 et 20 fr.; avec chiffres, 2 fr. en plus.

COLLECTIONS DE PRODUITS CHIMIQUES, ORGANIQUES ET DE MATIÈRES MÉDICALES.

Nota. — En relation avec les premières fabriques de produits chimiques et pharmaceutiques, nous pouvons livrer des produits de première qualité.

INSTRUMENTS ET OBJETS DIVERS.

POUR LA ZOOLOGIE.

Nécessaire de taxidermie, renfermé dans une boîte en frêne, 40 et 50 fr. — Pince à long bec, dite bourroirs, 5 fr. — Pince à dissection, 2 fr. — Brucelles ordinaires, 50 c. — Ciseaux à lames courbes et droites, 2 fr. 50 et 3 fr. — Poinçon, 25 c. — Scalpels de toutes formes, 1 fr. 25. — Cure-crâne, 1 fr. 25. — Filière ou jauge pour le fil de fer, 3 fr. 50. — Préservatif (savon arsenical), 1 fr. le flacon ; le kilo, 3 fr. — Perchoirs pour oiseaux, d'après les modèles du Muséum de Paris, depuis l'oiseau-mouche jusqu'à l'aigle, depuis 15 cent. à 7 fr. pièce. — Yeux noirs de 1 fr. le cent à 2 fr. 50. — Yeux de couleur de toute espèce, de 1 fr. 50 à 6 fr. le cent. — Yeux de couleur avec coins en émail blanc pour mammifères, depuis 75 c. la pièce. — Yeux pour figurines, etc. — Benzine, première qualité, 1 fr. le flacon ; le litre, 3 et 4 fr.

POUR L'ENTOMOLOGIE.

Filet-fauchoir, le cercle se pliant en deux, 5 fr. — Filet à papillon ordinaire, 1 fr. 25 ; le même, le cercle se pliant en deux, 2 fr. 75. — Pince à raquette pour hyménoptères et lépidoptères, 4 fr. — Ecorçoir, 2 fr. 50 et 3 fr. — Pince à piquer à bouts recourbés, 2 fr. 50 — Brucelles ordinaires, 50 c. — Boîte ovale, en fer-blanc, pour coléoptères, 1 fr. 25. — *Idem*, pour chenilles, 1 fr. 50 et 2 fr. — Boîte carrée, liégée, en fer-blanc verni, 5 fr. — Boîte en carton, liégée, 26 1/2 sur 19 ; hauteur, 6 3/4, 2 fr. — la même, à dessus de verre, 2 fr. 50. — Carton, liégée, 38 1/4 sur 36 1/2, hauteur, 6 3/4. 2 fr. 75. — — La même, à dessus de verre, 3 fr. — Boîte en carton ovale, pour la poche, fond liégé, 1 fr. — Liége en feuilles à 3, 4 et 6 fr. la douzaine. — Grande plaque de liége pour dissections, depuis 2 à 6 fr. pièce. — Epingles à insectes, 1 fr. 50 et 2 fr. le mille. — Etaloirs, divers formats. — Feuilles et paillettes de mica. — Loupe et biloupe de différentes formes et dimensions. — Tubes en verre, assortis, au cent et à la douzaine, depuis 4 fr. jusqu'à 20 fr.

POUR LA BOTANIQUE.

Boîte à herboriser, en fer-blanc verni, depuis 2 à 6 fr.

Presse de botaniste (en bois dur) à 8, 10 et 12 fr. — Coquette, 6 fr. — Houlette. — Papier à herbier et à dessécher, etc. — Appareil complet, pour la préparation des *plantes marines et d'eau douce.*

POUR LA MINÉRALOGIE ET LA GÉOLOGIE.

Nécessaire de minéralogie à 40, 50 et 100 fr. — Chalumeau en fer, 1 fr. — Chalumeau en cuivre se démontant en cinq pièces, 3 fr. — Le même avec bout en platine, 5 fr. — Marteaux de géologue, à tranche, à pointe et à clavettes, à 2, 3, 4 fr. et au-dessus. – Tas d'acier à cylindre, 5 fr. — Mortiers en agate, 5, 7, 10 et 15 fr. — Boussoles de géologue. — Lame et fil de platine. — Creusets en argent et en platine. — Pointe-lime-ciselet, pour dégager fossiles et cristaux, et servant de barreau aimanté, 2 fr. — Cartons-cuvettes de toute dimension, à 3, 4 et 5 fr. le cent. — Aiguilles et barreaux aimantés, avec ou sans support, 1 fr. 50 et 2 fr. 50. — Goniomètres d'Haüy, 20 fr. — Aiguille électrique d'Haüy, 3 fr. 50. — Ciseau à froid, 1 fr. — Niveau à bulle d'air. — Trébuchet de mineur. — Griffes dorées, à deux, trois ou quatre branches, pour cristaux et échantillons rares, 1 fr. — Bissac pour courses géologiques, 1 fr. 50. — Lampes en cuivre à alcool, pour essai au chalumeau, 2 fr. et 2 fr. 50. — Brucelles à lames de baleine, pour fossiles et objets fragiles,

1 fr. 25. — Diamants et grenats, montés sur tiges d'acier, pour échelle de dureté, graver et tailler le verre, à 1 et 2 fr. — Briquet de géologue. — Pince à Tourmaline. — Lames et cristaux pour l'optique. — Spath d'Islande. — Sel gemme. — Hydrophane. — Quartz. — Aimant. — Mica, etc.

OUVRAGES EN VENTE CHEZ ARTHUR ÉLOFFE.

Géologie appliquée aux arts et à l'agriculture, comprenant l'ensemble des révolutions du globe, ouvrage orné de vignettes intercalées dans le texte et d'un tableau gravé sur acier, représentant par ordre chronologique les terrains stratifiés et les principaux fossiles qui les caractérisent, suivi d'un vocabulaire donnant la définition des termes scientifiques employés dans le cours de l'ouvrage : par MM. D'ORBIGNY et GENTE. — Deuxième édition. — Prix de l'ouvrage, texte in-8, avec tableau. . . . . . 8 »

Nota. — La Géologie de MM. CHARLES D'ORBIGNY et GENTE, bien que faite au point de vue des arts et de l'agriculture, n'en est pas moins l'ouvrage le plus clair, le plus précis, fait jusqu'à ce jour, pour répondre à toutes les questions du programme de l'Université.

Le tableau, tiré sur beau papier et colorié, se vend séparément 2 fr. Ce tableau, indispensable à l'élève qui veut étudier la géologie ou se préparer aux examens de l'Université, n'est pas moins utile au géologue voyageur pour arriver à une détermination prompte et sûre des terrains qu'il se propose de parcourir; MM. CHARLES D'ORBIGNY et GENTE ont su, dans un cadre restreint, renfermer toutes les indications nécessaires et représenter tous les fossiles les plus caractéristiques de chaque terrain.

Tableau synoptique des terrains et des principales couches minérales qui constituent le sol du bassin parisien, avec indication des fos-

siles caractéristiques et des roches utiles aux arts et à l'agriculture, par M. CHARLES D'ORBIGNY. — Une grande feuille coloriée. . . . . 3 »
— Collé sur toile avec étui . . . . . . 5 »

Coupe figurative de la structure de l'écorce terrestre et classification des terrains, d'après la méthode de M. CORDIER, professeur de géologie au Muséum d'histoire naturelle de Paris, avec indications et figures des principaux fossiles caractéristiques, des divers étages géologiques par MM. CH. D'ORBIGNY et CH. LEGER. — Très-grand tableau colorié . . . . 6 »

Carte géologique du plateau tertiaire parisien, par M. RAULIN. . . . . 10 »
— Collé sur toile avec étui . 12 »

Dictionnaire de Minéralogie, par LANDRIN. 1 vol. in-18 . . . . 5 »

Précis de Cristallographie, avec méthode simple d'**analyse au Chalumeau,** par LAURENT. 1 v. in-12, avec figures dans le texte. 1 50

De l'emploi du Chalumeau, par BERZÉLIUS. 1 vol. in-8°, avec 4 planches 6 50

Leçons de Conchyliologie, par CHENU, 1 vol. grand in-8°, avec un grand nombre de figures dans le texte . . . . 6 »

Catalogue des Oscabrions de la Méditerranée suivi de la description de quelques espèces nouvelles, par J. CAPELLINI, avec planche. Prix. . . . . 1 »

F. Péron, naturaliste voyageur aux terres australes. Sa vie, appréciation de ses travaux, analyse raisonnée de ses recherches sur les animaux vertébrés et invertébrés, avec le portrait de PÉRON d'après LESUEUR, etc., par MAURICE GIBARD, ancien élève de l'École normale, agrégé pour les sciences physiques, professeur au collége Rollin. Ouvrage couronné par la société d'Émulation de l'Allier et publié sous ses auspices. 1 volume in-8 de 278 pages . . . . 3 »

Tableaux synoptiques d'histoire naturelle, éléments de physiologie et de zoologie avec planche, par GUSTAVE LANOIX, professeur d'histoire naturelle. 4 50

En enseignant l'histoire naturelle avec l'ouvrage de M. G. Lanoix, l'élève ne retient plus seulement les faits par les mots, mais par leur enchaînement rationnel que, pour ainsi dire, il suit des yeux.

Amélioration de l'espèce humaine, par le docteur BURGGRÆVE, précédé d'une lettre de M. FLOURENS. Un joli vol. in-18. . . . 3 50

Traité pratique de l'éducation des abeilles, par J. FRANÇOIS ROUX, apiculteur. Un joli vol. in-16. . . . . 2 »

Cet ouvrage a obtenu la médaille d'or au concours agricole de Paris.

Manuel pratique de l'éducateur de vers à soie ou **la sériciculture régénérée,** suivi d'un nouveau TRAITÉ D'ÉDUCATION pour obtenir de la GRAINE de première qualité, par ALPHONSE TAURIGNA, praticien séricicultеur, membre de plusieurs Sociétés agricoles, etc. Seconde édition revue et augmentée. Un vol. in-8°. — Prix. . . . . 6 fr. 50

Cet ouvrage a valu à son auteur une médaille d'honneur de première classe décernée par l'Académie nationale agricole de Paris.

Le Chasseur d'insectes, par M. A. M. PERROT, auteur du *Planisphère zoologique*, etc. Un joli vol. in-18 raisin, orné de quarante-cinq figures explicatives. — Cartonné, prix. . . 1 fr. 25

Le titre de ce joli volume indique assez qu'il est le *vade-mecum* inséparable de toute personne qui s'occupe d'entomologie.

Le jeune collégien surtout y trouvera l'histoire rapide, mais claire, des mœurs et coutumes des insectes, l'indication précise des lieux qu'ils fréquentent.

La manière de les préparer, de les conserver, de les classer par ordre sont l'objet des soins de l'auteur.

Un vocabulaire des termes techniques employés dans l'ouvrage et une série de figures explicatives complètent cette intéressante étude.

Ouvrage honoré de la souscription de S. Exc. le ministre de l'agriculture.

Planisphère zoologique, carte de la distribution des animaux sur la surface de la terre, par A. M. Perrot. Feuille grand-monde. — Prix : noir, 3 fr. ; colorié, 5 fr.

Le planisphère zoologique va rendre à l'histoire naturelle le même service que les mappemondes rendent à la géographie. En un instant, tous les animaux qui vivent sur la surface de la terre nous apparaissent dans les régions mêmes où Dieu les a placés : le lion d'Afrique, sur les sommets de l'Atlas ; le tigre royal, dans les jungles de l'Inde ; l'hippopotame sur les bords du Nil, etc. Les espèces les plus utiles sont minutieusement reproduites.

Ouvrage honoré de la souscription de S. Exc. le ministre de l'agriculture.

Zoologie du jeune âge ou Histoire naturelle des animaux, écrite pour la jeunesse, par A. Lereboullet, professeur de zoologie et d'anatomie comparée, à la Faculté des sciences de Strasbourg, directeur du Musée d'histoire naturelle, etc. Un beau vol. in-4° orné de 33 planches coloriées. Prix, cartonné. . . . . 20 fr.

L'Œillet ; *son histoire et sa culture*, par Aristide Dupuis, professeur d'histoire naturelle, membre de plusieurs Sociétés savantes. Un vol. in-18 raisin. — Prix. . . . . 1 fr.

Ouvrage honoré de la souscription de S. Exc. le ministre de l'agriculture.

Traité élémentaire des champignons comestibles et vénéneux, par Aristide

DUPUIS, professeur d'histoire naturelle, membre de plusieurs Sociétés savantes. Un joli volume in-18 jésus, avec 8 planches coloriées . . . 1 75

Causeries d'un naturaliste, par A. DUPUIS, professeur d'histoire naturelle, membre de plusieurs Sociétés savantes, etc. 1 vol. in-18 de 216 pages, avec 15 gravures. 1 50

Migrations des végétaux, par A. DUPUIS. Brochure in-8°. . . . . » 50

Les Sensitives ou Physiologie végétale, par M. REGLEY. Un joli vol. in-18. raisin, avec figures. 1 f.

Traité pratique du naturaliste préparateur, par ARTHUR ELOFFE, naturaliste-préparateur, et professeur de taxidermie, membre de plusieurs Sociétés d'horticulture, onze fois lauréat aux expositions de Paris, Dijon, Meaux, Valognes, Avranches, Châteaudun, etc. Un joli volume in-18 raisin, avec figures . . . . 2 »

Ouvrage honoré de la souscription de S. Exc. le ministre de l'agriculture.

L'art de préparer les Plantes terrestres, d'eau douce et marines, pour en former des Herbiers et Albums pour l'étude, par ARTHUR ELOFFE, naturaliste-préparateur, etc. Brochure in-18 raisin, avec figures. . . . 1 »

L'Ortie, ses propriétés alimentaires, médicales, agricoles et industrielles, par ARTHUR ELOFFE, naturaliste-préparateur, membre honoraire de plusieurs sociétés horticoles, etc. Br. in-18 raisin. » 60

Les Edentés fossiles (*Glyptodon et Schistopleurum*), par ARTHUR ELOFFE, naturaliste, etc. Brochure in-8°, avec deux gravures. . » 50

Tableau du règne végétal, dressé d'après le programme de l'Université et en vue du baccalauréat ès-sciences, par M. JULES PATOUILLET.

Ce Tableau, tiré sur beau papier, avec 174 figures coloriées, se vend. . . . . 2 »

— Collé sur toile avec étui. 3 50

LE JARDIN DES PLANTES

(*La Belgique horticole*)

Journal des Jardins, des Serres et des Vergers,

Fondé par M. Ch. Morren,

Rédigé par M. Edouard Morren,

Docteur spécial en sciences botaniques, Docteur en sciences naturelles, etc.

Ce journal, répandu dans toute l'Europe, est devenu l'organe le plus important de la publicité horticole; il comprend, dans son cadre, tout ce qui se rattache à l'horticulture, botanique, physiologie végétale, histoire, introduction des plantes nouvelles, figures, description et culture des plus belles fleurs, jardinage, serres, jardins d'hiver, culture forcée, culture en appartement, arboriculture, pomologie, jardin maraîcher, etc., rédigé par un grand nombre d'écrivains spéciaux dans chaque partie.

Il paraît une livraison par mois.

Chaque livraison renferme deux feuilles de texte, deux planches coloriées et des figures noires intercalées dans le texte,

Prix de l'abonnement : Pour Paris . . . . 15 f. »
— Pour les départem. 16 50

SOUS PRESSE

POUR

PARAITRE PROCHAINEMENT :

Les Papillons de France, par A. Dupuis, professeur d'histoire naturelle, membre de plusieurs Sociétés savantes. 1 vol. in-18 jésus, avec 16 planches coloriées.

Les Sauriens fossiles, par Arthur Eloffe, naturaliste-préparateur et professeur de taxidermie, membre de plusieurs Sociétés d'horticulture.

AVIS IMPORTANT.

Dans le but d'étendre notre clientèle, nous nous chargeons de la fourniture de toute espèce de collections de produits industriels, livres, cartes, instruments, etc., et en général de l'achat de tous objets qui ont rapport soit à l'enseignement, soit à l'application de la chimie, de la physique, de l'histoire naturelle, etc., etc. ; *nous accorderons la remise même du fabricant, marchand ou libraire, à toutes les personnes qui feront quelques achats dans notre magasin ;* par ce moyen, les objets ou pièces d'histoire naturelle achetés dans notre maison se trouveront payés par la remise du fabricant ou libraire.

Les caisses et l'emballage sont comptés en sus du prix des collections.

Tous les emballages sont faits au moyen de tasseaux, de vis et sangles, et si soigneusement, que les pièces les plus fragiles supportent les plus longs voyages sans crainte d'avaries.

La maison n'a jamais eu et n'a pas de commis-voyageurs NI DE DÉPÔT.

Les commandes doivent être adressées directement à M. ARTHUR ELOFFE, naturaliste-préparateur, rue de l'Ecole-de-Médecine, **No 20**, à Paris. C'est le moyen d'être bien et promptement servi.

Toutes commandes au-dessous de 25 francs doivent être accompagnées d'un mandat sur la poste.

Les lettres non affranchies sont rigoureusement refusées.

Commission, Vente, Achat, Réparations et Entretien de tous objets et pièces d'histoire naturelle.

NOTA. — Le Catalogue général est envoyé franco contre Lettre affranchie.

Paris, 15 mai 1862.

Meaux. — Imprimerie A. Carro.

MEAUX. — IMPRIMERIE A. CARRO.

www.ingramcontent.com/pod-product-compliance
Lightning Source LLC
LaVergne TN
LVHW012001160826
845678LV00002B/653

* 9 7 8 2 3 2 9 6 7 0 4 9 2 *